Bibliothèque de l'Amateur Champenois

LA
BIBLIOTHÈQUE BLEUE

DEPUIS JEAN OUDOT Ier JUSQU'A M. BAUDOT

1600-1863

PAR ALEXANDRE ASSIER

PARIS

CHAMPION, libraire, quai Malaquais, 15.
CHOSSONNERY, libraire, quai des Grands-Augustins, 47.
DELAHAYS, libraire, rue Casimir-Delavigne, 4 et 6.
A. GOUGY, libraire, rue Bonaparte, 20.
F. HENRY, libraire, Palais-Royal, galerie d'Orléans.

M D CCC LXXIV

BIBLIOTHÈQUE

DE

L'AMATEUR CHAMPENOIS

Tiré à 160 exemplaires numérotés :

120 sur papier vergé,
10 sur papier rose,
10 sur papier vélin,
20 sur papier chamois.

N°

LA

BIBLIOTHÈQUE BLEUE

DEPUIS JEAN OUDOT Ier JUSQU'A M. BAUDOT

1600-1863

PAR ALEXANDRE ASSIER

PARIS

CHAMPION, libraire, quai Malaquais, 15
CHOSSONNERY, libraire, quai des Grands-Augustins, 47.
DELAHAYS, libraire, rue Casimir-Delavigne, 4 et 6,
A. GOUGY, libraire, rue Bonaparte, 20.
F. HENRY, libraire, Palais-Royal, galerie d'Orléans.

M D CCC LXXIV

AUX BIBLIOPHILES ET AUX LECTEURS

DE LA CHAMPAGNE.

Qui n'a point entendu parler des quatre fils Aymon, *de* Huon de Bordeaux, *de* Galien le restauré *et de tant d'autres héros dont les trouvères chantaient les exploits devant les chevaliers et les belles dames du moyen âge? Qui le croirait? C'est pourtant grâce à l'imprimerie troyenne que leur renommée s'est propagée dans toutes les chaumières et qu'elle a trouvé plus d'admirateurs que celle d'Alexandre le Grand. Une fois les clients trouvés, les éditeurs de la* Bibliothèque bleue *se sont emparés des facéties, des* légendes *et de quelques* classiques *et ont obtenu une telle vogue, même par leurs almanachs, que Claude Perrault reprochait à Boileau de ne pas débiter autant de* satires *que le* Chapon d'or couronné *débitait de petits livrets.*

Mais sans prétendre que le plus saillant des ouvrages de la Bibliothèque bleue *vaille une* satire *de Boileau, on peut dire que si M. G. Brunet les a rejetés de son* Manuel, des savants tels que le prince d'Essling, Crozet et Charles Nodier les ont recherchés et les ont même jugés dignes de splendides reliures. Il est bien vrai que les facéties, les légendes et les romans des Oudot et des Garnier ont été remplacés par les interminables histoires de Rocambole et d'autres personnages sortis du cerveau de M. Ponson du Terrail et que des almanachs de tout genre se sont glissés à la place des grands calendriers des bergers, mais la morale y a-t-elle gagné?

Sans vouloir réhabiliter la Bibliothèque bleue, j'ai voulu en rechercher l'origine, citer ses principaux éditeurs et publier les catalogues de plusieurs d'entre eux. Cette notice, quoique incomplète, prouvera que la Champagne n'a négligé aucun genre d'industrie et que plus d'un lecteur lui doit savoir quelque gré de ses efforts. Puisse-t-elle encore sauver de la destruction certaines productions toujours estimées et placées même dans les vitrines privilégiées de quelques bibliophiles, tel est le vœu de l'auteur!

Alexandre ASSIER.

Courbevoie, 1er juillet 1874.

I.

L'IMPRIMERIE A TROYES

de 1483 à 1600.

Décimée par de sanglantes guerres et privée de ses foires qui attiraient tant de négociants au moyen âge, la ville de Troyes ne devait voir que tardivement une imprimerie dans son enceinte. Comptant en outre beaucoup de copistes, d'enlumineurs et de parcheminiers, ne fournissait-elle pas trop abondamment de magnifiques manuscrits pour qu'un imprimeur osât s'y établir et y mettre en vente ses productions à côté de celles de Paris et de quelques autres villes?

Le premier livre dont la vieille capitale de la Champagne puisse se glorifier paraît être jusqu'à ce jour le *Bréviaire* du diocèse publié en 1483. Quoique l'imprimeur de ce précieux volume que conserve la Bibliothèque nationale ait voulu garder lui-même l'anonyme, nous avons démontré que ce bréviaire n'est point sorti des presses de Pierre le Rouge, mais de celles de

Jehan le Rouge dont l'imprimerie fonctionnait à Troyes avant 1486 (1).

On a prétendu que Pierre le Rouge transportait ses presses partout où quelque notable personnage l'appelait et qu'ainsi il parut successivement à Chablis, à Troyes et à Paris. Mais pour se convaincre de cette erreur, il suffit de parcourir le *Manuel bibliographique* de M. G. Brunet. Pierre le Rouge, probablement simple *compaignon* de Paris, débute à Chablis dès 1478, où il imprime le *livre des bonnes meurs* composé par frère Jacques Legrant. Cinq ans après il publie le *Bréviaire* d'Auxerre et cède son établissement à Guillaume le Rouge pour aller fixer sa résidence à Paris où il travaille pour *Vincent Commin*.

Guillaume le Rouge imprime à Chablis dès 1489 les *Expositions des Euuangilles en francoys* et reprend la maison fondée par Jean le Rouge. La bibliothèque de Troyes possède encore le volume sorti des presses de cet imprimeur en 1492 et dans lequel il ne garde point l'anonyme, comme le prouve cette souscription du dernier feuillet :

Si finissét les Postilles et Expositiós des Epistres et Euuangilles dominicalles auecques celles des festes solemnelles de toute lannée et la passió de Nre Seigneur et celles aussi des cinq festes de la glorieuse vierge Marie. Imprimées à Troyes par Guillaume le Rouge, imprimeur de liures et furét acheuées le penultime iour de mars mil cccc quatre vigtz et xii.

(1) *Entrée et séjour de Charles VIII dans la capitale de la Champagne*, Paris, 1874, in-4°, p. 26.

Guillaume dès les premières années du XVIe siècle cède probablement son établissement à Nicolas le Rouge et reprend à Paris l'imprimerie de Pierre dans laquelle il publie pour le compte de *Denis Roce* les comédies de Plaute, la Pharsale de Lucain et les œuvres de Salluste. Mais, tandis que Nicolas le Rouge se qualifie d'*impressor peritissimus* et imprime plusieurs fois la *grant danse macabre*, Jean Lecoq, appelé de Paris, exécute en 1509 la réimpression du Bréviaire et fonde à Troyes un établissement important. Dès 1511 il publie même des *Heures* qui lui permettent de prendre rang parmi les célèbres typographes, tels que les Vérard, les Pigouchet et les Kerver dont les noms obtiennent chaque jour tant de retentissement. Moins modeste qu'en 1509, Jean Lecoq ose revêtir ses œuvres de ses armes parlantes, figurées par un coq au milieu d'un écusson suspendu à un pin et supporté par deux renards encapuchonnés. Ces *Heures,* dont la bibliothèque de Troyes possède un magnifique exemplaire, sont ornées de vingt-cinq vignettes sur bois et ne contiennent pas moins de six cent soixante-trois lettres enluminées.

Une fois pourvue de deux imprimeries, celles des le Rouge et des Lecoq, la capitale de la Champagne en vit bientôt un assez beau nombre dans son enceinte qui lui acquirent quelque renommée dans les provinces voisines. Parmi les imprimeurs du XVIe siècle dont les œuvres nous sont connues nous citerons Nicolas le Rouge, Thibaut Trumeau, Pierre Hadrot, Nicolas Paris, François Trumeau, Jean II Lecoq, Jean

Collet, Jean du Ruau, imprimeur et graveur, Jean Moreau, Etienne de la Huproye et Jean Oudot qui ne vint s'établir à Troyes que vers 1592, à l'instigation du célèbre Pierre Pithou (1).

II.

ORIGINE DE LA BIBLIOTHÈQUE BLEUE.

Elevé dans les ateliers de Mamert-Patisson, qui imprimait en 1575 les *œuvres poétiques* d'Amadis Jamyn, de Chaource, Jean Oudot devait posséder un assez bel assortiment des caractères de son patron. En effet, dès l'automne de 1596, de ses presses sortait l'édition princeps de *Phèdre,* dont l'éditeur eut à peine le temps de corriger les épreuves et d'adresser quelques exemplaires à ses amis, car la mort le frappait le 1er no-

(1) Les bibliophiles citent encore Louis Vivant, Philippe des Champs, Nicolas Girardon, Claude Garnier, Nicolas du Ruau, Denis de Villerval, Jean Lenoble, Jean Griffard, Huguier, Macabré, Cordodeuil et Luce, mais beaucoup de ces prétendus imprimeurs n'étaient que de simples libraires.

vembre dans sa métairie de Bernières, près Nogent-sur-Seine, d'où il venait à Troyes par intervalle pour surveiller l'ouvrage. Mais si ce petit in-12 de 67 pages chiffrées et de 3 non chiffrées excite aujourd'hui l'admiration des amateurs, surtout par l'élégante reliure de Thouvenin dont l'exemplaire de la bibliothèque de Troyes est revêtu, il faut croire qu'il ne grossit pas beaucoup l'escarcelle de Jean Oudot, quoique cet imprimeur eût pris pour enseigne le *Chapon d'or couronné* et qu'il se fût établi dans la rue Notre-Dame. Aussi renonçant probablement aux éditions de luxe, il débute par la *Vie de sainct Edme* et par *les Chroniques de Gargantua, cousin du très-redouté Galimassue.*

Mais l'impression des livres destinés au colportage ne commença réellement qu'après sa mort, sous son fils Nicolas I Oudot, qui conserva l'enseigne du *Chapon d'or couronné.* A peine a-t-il publié les *romants d'Oger le Danois* et de *Galien restauré* que nous voyons successivement sortir de ses presses *Meliadus, Hector de Troyes, Morgan le géant, Huon de Bordeaux, Maugis d'Aigremont, Mabrian, les quatre fils Aymon* et *Geoffroi à la grande dent.* A côté de ces romans, dans sa boutique, figurent en même temps les vies de *St Savinien*, de *St Augustin*, de *Ste Catherine*, de *Sainte Barbe*, de *St Roch*, des *trois Maries*, de *St Hubert*, de *St Claude*, de *St Nicolas*, de *Sainte Hélène*, de *Sainte Reine*, de *Sainte Marguerite*, le *Doctrinal de Sapience*, les *quatre fins de l'homme* et *la vie, la mort, la passion et la résurrection de N.-S. J.-C.* avec les *gestes et faits de Judas Iscarioth*. Nicolas I Oudot dut être sans aucun doute secondé dans sa lourde tâche par quelques écrivains et par un personnel assez nombreux, car nous le voyons encore publier la *Patience de Job à 49 personnages*, la *farce nouvelle du Musnier et du Gentilhomme à 4 personnages*, *les fantaisies de Bruscambille* et quelques tragédies parmi lesquelles je citerai l'*Amour divin, tragecomédie*, par Jean Gaulché, de Vitry-le-Croisé.

Mais si la Bibliothèque bleue était fondée, si elle devait introduire dans toutes les chaumières les vieux romans de la Chevalerie et de la Table Ronde, les naïves légendes des saints avec moralités et complaintes et de petites pièces où la gaîté rachète ce que le genre a de grivois, l'imprimerie troyenne changea promptement de caractère et délaissa les belles productions des Lecoq, des Lerouge, des Nicolas Paris et de Thibaut Trumeau (1). C'est que, lorsque l'art tient boutique et se fait marchand, la quantité sur les rayons du libraire finit par remplacer la qualité et la beauté (2). Et en effet, que se proposaient les éditeurs de la *Bibliothèque bleue ?* De vendre à bas prix leurs productions et par conséquent de n'employer que du papier, des caractères et des vignettes qui leur permissent d'atteindre les dernières limites du bon marché. Aussi n'attendez plus de ces négociants des volumes tirés à petit nombre sur papier fort, imitant le vélin, des im-

(1) *Recherches sur l'établissement et l'exercice de l'Imprimerie à Troyes,* par Corrard de Breban, 2o édition, Troyes, 1851, p. 12.

(2) *Livres populaires imprimés à Troyes de 1600 à 1800. Hagiographie. — Ascétisme,* par Alexis Socard, Troyes, 1864, p. 1.

pressions splendides où l'encre noire et l'encre rouge brillent d'un éclat dont la vieille capitale de la Champagne semble avoir perdu le secret. Les volumes sont rognés à la fois, par douzaines, par vingtaines, le texte est atteint, qu'importe! Les clients attendent et les éditeurs ne sont satisfaits que lorsqu'ils ont rempli la balle des colporteurs et reçu de beaux deniers. Les vignettes même qui accompagnent le texte seront quelquefois placées sans ordre, sans aucune allusion aux faits qui sont racontés dans les volumes, qu'importe encore! Nos imprimeurs savent déjà que les *images* allèchent les clients et qu'un livre rempli de vignettes obtient toujours quelque succès.

Il faut croire que ce genre d'industrie acquit dès le xviie siècle une certaine vogue, car beaucoup d'imprimeurs essayèrent de lutter contre les Oudot et de recruter de nouveaux clients. Claude Perrault avoue même dans sa préface de l'*Apologue des femmes* que la *Bibliothèque bleue* se répandit dans toutes les chaumières et que Boileau avait beau se glorifier du grand débit que l'on faisait de ses *satyres*, que ce débit n'approchait pas de celui de *Jean de Paris*, de *Pierre de Provence*, de la *Misère des clercs*, de la *Malice des femmes* ni du moindre des *Almanachs* imprimés à Troyes *au Chapon d'or*.

Les Parisiens eux-mêmes ne dédaignent point de recourir aux éditeurs de la Bibliothèque bleue. Nicolas II Oudot travaille pour les libraires Courbé, Billaine, Dupuis, Soly, Jacques Lagniet et beaucoup d'autres. On a prétendu que ce Nicolas omettait son nom

sur les livres qu'il imprimait ou qu'il ne le plaçait en
caractères microscopiques que pour se rendre la justice
qu'il méritait par la mauvaise qualité de ses impres-
sions. Mais pourquoi des éditeurs de Paris, tels que
Gervais Clouzier et Billaine auraient-ils choisi cet imprimeur préférablement à tant d'autres, s'il n'avait eu
à son service que des caractères à tête de clou et des
bois grossièrement gravés? Nicolas II Oudot n'agis-
sait ainsi que pour satisfaire aux exigences de ses
clients qui voulaient voir briller leur propre nom en
gros caractères et dans l'endroit le plus apparent du
frontispice des volumes, comme il est facile de s'en
convaincre en ouvrant le *Fidèle conducteur pour le
voyage de France* par le sieur Coulon.

A Troyes chez Nicolas Oudot et se vendent

A PARIS CHEZ GERVAIS CLOUZIER. M. DC. LIV (1).

Dès 1672 nous voyons même un Nicolas Oudot, rue
de la Vieille-Bouclerie, près le Pont Saint-Michel, qui
met en vente le *nouveau Testament de Nostre-Seigneur.*
Quel était ce libraire? Le frère aîné de Jacques Oudot.
Il est probable que les productions troyennes lui pro-
curèrent d'assez beaux bénéfices, car sa veuve publie
un catalogue sur lequel nous voyons figurer la plupart
des volumes de la Bibliothèque bleue. Longtemps au-
paravant le libraire Lesclapart débitait des *Almanachs*

____

(1) *Noëls et Cantiques imprimés à Troyes,* par Alex. Socard, 1865,
p. 7.

imprimés par Jean Adenet à l'*Orange d'or*, au coin de la petite Tannerie, dans la maison même autrefois habitée par les Lecoq.

Beaucoup de philologues se sont demandé pourquoi le nom de *Bibliothèque bleue* fut donné aux productions des Oudot et des Garnier. Les uns prétendent que cette dénomination vient de la couleur du papier sur lequel sont imprimés les romans, les légendes et les facéties; les autres soutiennent au contraire qu'elle vient de la couleur de la couverture des principaux ouvrages. Quoi qu'il en soit, il est certain que dès le xviie siècle, ces romans et ces autres productions portaient déjà la dénomination de *contes bleus, contes borgnes, contes de loup* et que la première de ces expressions a prévalu. D'où venaient la plupart de ces livres, de ces légendes et de ces romans? Des productions les plus populaires du moyen-âge que les Jean Treperel, les Antoine Vérard, les Claude Noury de Lyon, les Jean Lecoq et les Nicolas Lerouge de Troyes s'étaient hâtés d'imprimer dès la fin du xve siècle et au commencement du xvie.

Nos éditeurs finirent même par adopter dans leurs collections des livres qu'ils n'imprimaient pas, mais qu'ils recevaient probablement en dépôt de leurs correspondants de Lyon, de Rouen et d'autres villes, comme le prouvent plusieurs vies de saints imprimées à Lyon et d'autres opuscules imprimés à Rouen. Nous laissons à M. Alexis Socard de Troyes auquel nous devons déjà tant de savantes recherches le soin de dresser le catalogue le plus complet de la *Bibliothèque*

bleue. Nous nous contenterons d'en citer les principaux
éditeurs depuis Nicolas I Oudot jusqu'à M. Baudot dont
le fonds a complétement disparu en 1863.

III.

LES DESCENDANTS DE NICOLAS Iᵉʳ OUDOT.

Fondée par Nicolas I Oudot, comme nous l'avons vu,
la *Bibliothèque bleue* fut augmentée par ses successeurs
qui ne se montrèrent pas toujours fidèles à la bonne
réputation du *Chapon d'or*, car, dès 1644, la veuve
de Nicolas I inscrivait au-dessus de sa porte *au coq*,
Nicolas II, en 1641, *au sainct Esprit* et d'autres *à sainct
Edme, à la bonne conduite* et *au livre bleu*.

A Nicolas I dont les ouvrages sont rares et recherchés, avait succédé dès 1636 sa veuve dont on n'a cité
jusqu'à ce jour que la *Navigation du compagnon à la
bouteille*. Mais Jean II, frère de Nicolas I, imprimait
dès 1622 *un almanack* par le neveu du célèbre Pierre
de Larivey avec un grand nombre de prédictions.

Nicolas II imprime d'abord pour Paris et pour son
propre compte le roman *de la belle Hélène*, la *grant*

danse Macabre, le *grant calendrier et compost des ber-*
gers, les *débats* et *facétieuses rencontres de Gringalet et*
de Guillot Gorgu, l'*Histoire de Fortunatus* et un *abrégé*
de l'histoire des rois de France. Ce Nicolas eut probablement trois fils, Nicolas Oudot que nous voyons,
demeurant à Paris, rue de la vieil'e Bouclerie, Jean III
et Jacques. Jean III mourut en 1705, tandis que
Jacques, qui lui survécut jusqu'en 1711, imprima beaucoup plus d'ouvrages que lui, et laissa à sa veuve,
Anne Havard, un catalogue assez complet qu'elle aug-
menta comme le prouve celui qui suit.

IV.

CATALOGUE.

des livres qui s'impriment et se vendent chez la veuve de Jacques
Oudot, imprimeur libraire à Troyes, rue du Temple.

1711-1742.

Volumes in-4.

1 Huon de Bordeaux, 2 vol.
2 Les quatre fils Aymon.
3 Le calendrier des ber-
  gers.
4 Galien restauré.
5 Valentin et Orson.
6 La danse Macabre.
7 L'Histoire de Mélusine.

Volumes in-8.

8 La vie de Jésus-Christ.

9 Discours tragique sur la Passion de N.-S. J.-C.

10 Les Expositions des Évangiles.

11 Le Doctrinal de Sapience.

12 Les figures de la Bible.

13 Le Miroir du pécheur.

14 Recueil des plus beaux cantiques spirituels pour les catéchismes et les missions.

15 Noëls de plusieurs sortes, tant anciens que nouveaux.

16 La vie de saint Antoine.

17 La vie de St Jean-Baptiste, avec celle de tous les Apôtres et Évangélistes.

18 La vie des trois Maries.

19 Le martyre de Ste Reine.

20 Les quatre fins de l'homme.

21 Les quatrains du seigneur de Pybrac, du président Favre et de la vanité du monde.

22 La vie de Judas.

23 La civilité puérile et honnête.

24 La règle de la bienséance et de la civilité chrétienne.

25 Les loix universelles en nombres, poids et mesures, *livre nouveau.*

26 L'Innocence reconnue.

27 Le romant de la belle Heleine.

28 Le Miroir de l'astrologie.

29 Le Palais des curieux.

30 La Vengeance de la mort de Michel Morin, pièce nouvelle en vers.

31 Les conquêtes de Charlemagne.

32 L'Histoire de Pierre de Provence et de la belle Maguelone.

33 Jean de Paris.

34 Fortunatus.

35 Le bonhomme Misère.

36 Pasquille nouvelle sur

les amours de Lucas et Claudine.

37 Robert-le-Diable.

38 Gargantuas, nouvellement revu et corrigé.

39 Ulespiègle.

40 Les fables d'Esope.

41 Réception des maîtres savetiers.

42 Le Maréchal expert.

43 Le Cuisinier françois.

44 Histoires facétieuses de l'aventurier Buscon.

45 Richard-sans-Peur.

46 L'Académie des jeux que l'on joue à présent.

47 Le jeu de piquet nouveau.

48 La Misère des garçons chirurgiens de Paris.

49 La facétieuse conférence de deux paysans.

50 Le Miroir des femmes.

51 Entretien des belles compagnies.

52 La Misère des garçons boulangeis de Paris.

53 Instruction de la jeunesse.

54 Les tableaux de la Messe.

55 Pratique de l'amour de Dieu.

56 Préparation à la mort.

57 Le Chemin du ciel.

58 La dévotion au Sacré-Cœur de Jésus.

59 La vie de St Amable.

60 La vie de St Fiacre.

61 La vie de St Hubert.

62 La vie de St Roch.

63 La vie de St Félix de Cantalice.

64 La vie de St Nicolas.

65 La vie de St Alexis.

66 Tragédie de St Alexis.

67 Histoire du purgatoire de St Patrice.

68 Tragédie de Ste Catherine.

69 La vie de Ste Anne.

70 La vie de Ste Reine.

71 La vie de Ste Hélène, mère du Grand Constantin.

72 Prière à Notre-Dame des Hermittes.

73 Confession générale.

74 Les saintes dispositions du chrétien.

75 Noëls et cantiques.

76 Accusation correcte du vrai pénitent.

77 Grand alphabet nouveau, françois et latin, divisé par syllabes, pour apprendre à lire les enfans en très-peu de temps.

78 Nouveau traité d'*ortographe* pour apprendre toutes sortes de personnes à écrire correctement.

79 L'arithmétique à la plume et par gets.

80 Autre petite arithmétique.

81 La Sylvie du sieur Mairet, tragi-comédie pastorale.

82 Le secrétaire à la mode.

83 Le secrétaire françois.

84 Les compliments de la langue françoise.

85 Le jargon de l'argot.

86 La malice des femmes.

87 La méchanceté des filles.

88 Fleurs de bien dire.

89 Histoire des subtilités de Guilleri.

90 La femme mécontente de son mari.

91 Histoire générale des plantes.

92 Les avantures du Mt. Griffon.

93 L'école de Salerne.

94 Bâtiment des receptes.

95 Secrets les plus curieux.

96 Trésor des chansons.

97 Le secret des secrets.

98 La ville de Paris en vers burlesques.

99 Les savetiers.

100 Les promenades de la guinguette, avantures et histoires galantes.

101 Verboquet, contes plaisants et facécieux.

102 Le cabinet de l'éloquence françoise.

103 L'embarras de la foire de Beaucaire.

104 Le jardinier françois,

105 Discours et entretiens bacchiques.	106 Les contes des fées.
	107 Le jardin de l'amour.

Volumes in-16.

108 Psautiers, demi-psautiers, tiers et quarts de psautiers, etc.

109 Alphabets de plusieurs sortes pour les enfans.

110 Exercice de piété contenant les prières du matin et du soir, avec plusieurs autres prières et un abrégé des principaux devoirs du chrétien.

111 Pensées chrétiennes.

112 Pratique d'humilité.

113 La vie de Ste Marguerite.

114 L'explication des songes.

115 La patience de Griselidis.

116 Les cris de Paris.

Volumes in-24.

117 Petites heures appelées *Longuettes*.

118 Pratique pour honorer le St-Sacrement de l'autel.

119 L'énormité du péché mortel.

120 Exercice très-pieux et très-dévot.

121 La Passion (1).

Le catalogue de la veuve Nicolas Oudot, libraire, « rue de la Harpe, vis-à-vis la rue du Foin, à côté de la rue des Deux-Portes, à l'image de Notre-Dame, à Paris, » contient plus de 120 ouvrages parmi les-

(1) Manuscrit communiqué par M. Poignée, libraire à Troyes.

quels figurent quelques nouveautés, telles que des recueils de *vaudevilles*, de *chansons* et l'*après-soupé des auberges* (1).

Jean IV Oudot imprime seul dès le 7 septembre 1723, et laisse pour veuve Jeanne Royer, dont la fille épouse un Truelle et vend sa maison et son fonds aux Garnier, qui depuis longtemps s'étaient acquis une assez belle clientèle par leurs ouvrages presque semblables à ceux des Oudot.

V.

LES CONCURRENTS DES OUDOT.

Il est certain que les Oudot durent faire beaucoup d'efforts pour obtenir une certaine vogue dans les siècles qui nous ont précédés, car dans tous les temps le succès suscite des concurrents plus ou moins sérieux qui tentent quelquefois par tous les moyens d'attirer la clientèle des autres, et Troyes dès le xviii⁰ siècle

(1) *Recherches sur l'établissement et l'exercice de l'imprimerie à Troyes*, 3ᶜ édition, p. 187.

comptait trop de libraires et d'imprimeurs, comme on va le voir, pour que les Oudot espérassent un débit trop facile.

La Bibliothèque nationale possède une volumineuse collection dans laquelle nous avons extrait le procès-verbal de la visite que le lieutenant-général Louis-François Morel se permit de faire, le 26 juillet 1730 dans les imprimeries et dans les librairies de Troyes, afin d'exercer son contrôle sur les livres et sur les priviléges. Les imprimeurs-libraires désignés sont Jacques Lefebvre père, qui possédait alors deux presses, Pierre Bourgoin, Pierre Michelin, Jean Oudot et Pierre Garnier. Jean Oudot et Pierre Garnier paraissent avoir été les deux imprimeurs dont le débit était le plus considérable, car à l'arrivée du lieutenant-général de six presses du premier sortaient les *Usages des écoles*, l'*Almanach du palais*, les *Professions* et des ouvrages de ville, et des quatre presses du second, les *noëls*, l'*a b c*, des *almanachs de Liège* et des *almanachs de poche*.

Les principaux libraires étaient François Bouillerot le jeune, Jacques Lefebvre fils, Denis Lefebvre, la veuve Jacques Oudot et Jacquette du Barry. Les rues habitées par les imprimeurs et les libraires étaient surtout la Grande Rue et la rue du Temple.

Le lieutenant Morel se montra sans doute satisfait de cette visite que lui imposaient certains règlements, car le procès-verbal ne constate aucune peine portée contre des délinquants. Il est probable que le digne magistrat dut plus d'une fois sourire à la vue de certains titres et de certaines gravures, mais de nos jours n'accueille-t-on pas encore avec faveur certains ouvrages que dédaigneront nos descendants? (1).

Plus de trente ans avant cette visite, la corporation des imprimeurs, des libraires et des relieurs devait être importante, car elle faisait célébrer sa fête avec une certaine pompe, le jour de saint Jean l'Evangéliste, dans l'église de Saint-Jacques *au beau portail*. Les principaux membres étaient :

Adenet, Jean.	Febvre, Jacques.
Blanchard, Louis,	Garnier, Pierre, *sindic*.
Bouillerot, François.	Garnier, veuve Jean.
Bouvillon, Gabriel.	Girardon, veuve Yves.
Bourgoin, Pierre.	Herluison, Pierre.
Briden, Gabriel.	Himpe, Claude.
Briden, Jean.	Oudot, Jacques.
Briden, Charles.	Oudot, Jean.
Collet, Etienne.	Paynot, Edme.
Collet, veuve Nicolas.	Pion, Gilbert.
Clément, veuve.	Prat, Fiacre.
Demonjot, veuve.	Prévost, Edme.
Du Barry, Nicolas.	Seneuze, veuve.
Du Barry, Jacquette.	Seneuze, Pierre.
Febvre, Claude.	Valeton, veuve Nicolas (2)

Dès le commencement du xviie siècle, Edme Briden, rue Notre-Dame, à l'enseigne du nom de Jésus, imprimait l'*Amour divin*, la *Vie de Jésus-Christ* et la *Tragédie*

(1) Collection de Champagne. T. 102.

(2) Bibliothèque de Troyes, manusc. 2294, 1682-1702.

françoise des amours d'Angélique et de Médor. Yves Girardon, rue Notre-Dame, imprimait sur mauvais papier et d'une façon toute grossière la *Sophonide,* la *Rocheloise,* le *jargon* ou *langage de l'argot réformé* et *l'Histoire de Jean de Paris,* tandis que Pierre des Molins donnait en 1630 la *Complainte des argotiers* et plus tard Edme Prévost, la *Grande bible renouvelée* ou *Noëls nouveaux.* Mais les plus redoutables des concurrents furent sans contredit les Garnier dont les livres obtinrent presque autant de vogue que ceux des Oudot et qui même finirent par acquérir leur fonds après la mort de la veuve de Jean IV Oudot.

VI.

LES DESCENDANTS DE CLAUDE GARNIER.

Claude, le premier des Garnier demeurait « *en la Petite Tennerie, sur le premier pont* et tenait *boutique rue Nostre-Dame,* vis-à-vis *la Croix-Blanche.* Nous ne citerons de lui que les *Triomphes de Pétrarque,* en vers français et l'*Importunité et malheur de nos ans.* Mais il faut croire qu'il jouissait dès 1582 d'une certaine réputation, car de ses presses sortent l'année suivante les *arrêts* rendus par la Cour des Grands Jours qui se tint à Troyes cette même année. Nous n'avons encore vu aucun ouvrage de son successeur N. Garnier. Sa veuve même n'est connue que par les *chroniques du roi Gargantua, parent du redouté Galimassue.* Mais à l'un de leurs descendants était réservé l'honneur de lutter avec succès contre les Oudot.

Procureur de la communauté des imprimeurs de Troyes dès 1688, Pierre Garnier demeure d'abord place Saint-Jacques et finit par s'établir dans l'avant-dernière maison de la rue du Temple à l'enseigne des *Trois-Marchands.* Infatigable reproducteur du fonds de la Bibliothèque bleue, il imprime pendant près d'un demi-siècle de nombreux ouvrages qui, par leur papier et leur impression, ne devaient s'adresser qu'aux dernières classes de la société et lui procurer certain bénéfice. Parmi les ouvrages qui nous restent, je ne citerai que les suivants, car presque tous portent les mêmes titres que ceux des Oudot :

Histoire de Joseph, en musique.

Les rencontres, fantaisies et coqs-à-l'âne facétieux du baron Gratelard.

Histoire de l'enfant prodigue.

Fameuse harangue faite en l'assemblée générale de Messieurs Messeigneurs les savetiers.

La grande danse Macabre.

Le compost et calendrier des bergers.

L'arrivée du brave Toulousain et le devoir des braves compagnons de la petite manicle.

Le magnifique et superlicoquentieux festin fait à Messieurs, Messeigneurs les vénérables savetiers.....

Pierre Garnier mourut en 1738 ; sa veuve n'imprima que jusqu'en 1754. Son fils Jean Garnier qui exerçait la profession de libraire depuis la mort de son père s'adonna au même genre d'ouvrages et mourut en 1765. Parmi les productions nouvelles qu'il imprima, nous citerons l'*exercice de dévotion avec les tableaux de la Passion*, *le mari mécontent de sa femme*, *le portrait et aventures divertissantes du duc de Roquelaure*, *le secrétaire des dames*, et quelques *contes*.

A Jean Garnier succédèrent successivement les deux frères, Jean-Antoine Garnier, qui se rendit en 1769 possesseur du fonds des Oudot et Etienne dit le jeune, qui imprima les *Annonces, affiches et avis divers de Troyes, capitale de la Champagne*, qui parurent dès 1782 jusqu'à l'an IV. Ces deux imprimeurs ont édité de nombreux ouvrages dont la vente ne fut interrompue que par la Révolution, car leurs successeurs en possédaient encore un assez bon nombre en 1830. Enfin, après la veuve d'Etienne, après son fils et sa bru qui étaient restés fidèles à la *Bibliothèque bleue*, l'établissement des Garnier devint la propriété de MM. Baudot père et fils et disparut complètement en 1863.

VII.

CATALOGUE

de M. Baudot, libraire et dernier éditeur de la Bibliothèque bleue.

Abbé Chanu en paradis.
Adroite princesse.
Amours de la Valière.
Amours de Lescombat.
Amours de Lucas.
Anecdotes sur Napoléon.

Arlequin dans la lune.
Art de tirer les cartes.
Arithmétique (petite).
Aventures de Fortunatus.
Aventures de Robinson.
Aventures de Roquelaure.
Aventurier Buscon.

Babiole.
Bamboches de Mayeux.
Bâtiment des Recettes.
Bavarde (petite).
Batailles de Napoléon.
Belle-belle.
Belle et la bête.
Belle-étoile.
Belle-Hélène.
Bergère des Alpes.
Belle aux cheveux d'or.
Biche au bois.
Biche blanche.
Bible (88 fig. de la).
Bonhomme Misère.
Bonhomme Richard.
Bonne mère.
Bonne petite souris.
Bossus de Besançon.
Bouquets poissards.
Brave Toulousain.
Bonne femme sans tête.

Cantique de St-Hubert.
Cantiques spirituels.
Cantique de Ste-Suzanne.
Cartouche.
Catéchisme des grandes filles.
Catéchisme du maltôtier.
Catéchisme des Normands.
Catéchisme poissard.
Chansonnier des buveurs.
Chansons grivoises.
Chansonnier national.
Chansons patriotiques.
Chatte blanche.
Chemin du ciel.
Clé du Paradis.
Comédie des Proverbes.
Confrairie de St-Lâche.
Conquêtes de Charlemagne.
Contes de fées.
Conteur amusant.
Contrat de mariage.
Crime sur crime.
Comptes de barême.
Carpillon (princesse).

Dejeûners de la Rapée.
Description des six pets.

Dialogues des amoureux.
Discours sur la Passion.
Doctrinal de Sapience.

Ecole des Pères.
Ecole de Salerne.
Eloge de Morin.
Enfant prodigue.
Enfans sans souci.
Enfant sage à trois ans.
Escamoteur.
Etrennes aux riboteurs.
Examen de conscience.
Explication des songes.
Exposition des Evangiles.
Exercices de dévotion.

Fables d'Esope.
Fantôme et le Fermier.
Fée Anguilette.
La fille du capitaine au-
   trichien.
Facétieux réveille-matin.
Farces de Guillery.
Femme mal conseillée.
Femme mécontente.
Figures de la Sainte Bible.
Feuilles de Bonaventure.
Fille sur l'échafaud.
Frère dépravé.

Galien restauré.
Gargantua.
Gaudriole.
Grenouille bienfaisante.
Gratelard (baron).
Gilles Bricotteau.
Grande danse macabre.
Gringalet et Verboquet.
Guérison des bestiaux.
Guilleri et ses compa-
   gnons.

Heureuse famille.
Heureuse peine.
Histoire de Joseph.
Huon de Bordeaux.
Huit contes de fées.
Histoire de 40 voleurs.

Innocence reconnue.

Jardin d'amour.
Jargon de l'argot.
Jean de Calais.
Jean de Paris.
Jeu d'amour (32 cartes).
Jeu de chiffres.
Jeune et belle, conte.
Juif errant.
Juste châtiment de Dieu.

Lampe merveilleuse.
Laurette.

Lionnette et Coquericot.
Livrets d'ouvriers.
Misère des boulangers.
Misère des domestiques.
Magie naturelle.
Maîtresse fidèle.
Méchanceté des filles.
Malice des hommes.
Médecin des pauvres.
Minet bleu et Louvette.
Miroir des femmes.
Miroir du pécheur.
Mandrin.
Miroir de l'astrologie.
Malice des femmes.
Misère des maris.
Misère des tailleurs.
Misère des chirurgiens.
Marianne, tragédie.
Mari mécontent de sa femme.

Nain jaune.
Napoléon au camp de Boulogne, 2 parties.
Napoléon, bal, incendie.
Noëls anciens.

OEufs de Pâques.
OEuvres badines de Piron.
Oiseau bleu.

Oranger et l'abeille.
Oraison de Ste-Brigitte.
Palais des curieux.
Palais de la vengeance.
Parfait amour.
Passage du Niémen.
Petit Jack.
Polyeucte, tragédie.
Petit vaudevilliste.
Petit carnaval et poupée.
Petit escamoteur.
Pierre de Provence.
Pigeon et la colombe.
Pipe cassée.
Porteur d'eau espagnol.
Princesse belle-Étoile.
Prince lutin.
Prince Marcassin.
Prince Mouton.
Prophéties de Moult.
Petite bavarde.
Princesse Carpillon.
Promenade à la guinguette.
Peau d'âne.

Quarante voleurs.
Quatre fils Aymon.
Quatre fins de l'homme.

Recueil de compliments.

Roi magicien.
Revue de Napoléon.
Rameau d'or.
Richard-sans-Peur.
Robert-le-Diable.
Récréations au coin du feu.

Scaramouche.
Saint-Suaire.
Sans chagrin.
Secrétaire français.
Secrets du petit Albert.
Secrets d'Albert-le-Grand.
Sermon de Bacchus.
Sermon des cocus.
Songes et visions.
Secrétaire des dames.
Serpentin vert.
Stations de la Passion.
Singe vert.
Saint Hubert.
Saint Jean.
Secrétaire des dames.
Sermons en proverbes.
Stations du S. Sacrement.
35 figures tableaux de la
  Messe.

Souvenirs de l'empire.
Testament du savetier.
Tourbillon.
Tragédie de Ste Reine.
Trépassement de la Vierge.
Tragédie de Ste Catherine.
Trois bossus de Besançon.
Trésor du laboureur.

Veillées du village.
Vengeance de Morin.
Vert et bleu.
Vie de Cartouche.
Vie de St. Fiacre.
Vie de Napoléon.
Vie de St Nicolas.
Valentin et Orson.
Vie de Mandrin.
Vie de Judas Iscarioth.
Vie de St Antoine.
Vie des douze Apôtres.
Vie de Ste Catherine.
Vie de St Claude.
Vie de St Hubert.
Vie de St Patrice.
Visions de Lucifer.
Visions nocturnes (1).

(1) M. Baudot s'est contenté d'imprimer les couvertures des ouvrages qui provenaient de ses prédécesseurs. Ainsi il n'est pas rare de voir au bas de la couverture le nom de cet éditeur et de remarquer à la première page ceux des *Oudot* et des *Garnier*. Les derniers volumes de la *Bibliothèque bleue* ont été donnés à M. Alvarès, libraire à Paris, en 1861. Puisse-t-il en avoir retiré ce qu'il en espérait !

VIII.

ALMANACHS.

Parmi les ouvrages que devaient exploiter les imprimeurs de Troyes, les almanachs devaient sans contredit obtenir le premier rang, car que recherche surtout le plus ignorant des lecteurs ? N'est-ce point l'almanach qui lui indique les saisons, les fêtes et les jours de l'année ? Ainsi l'avaient compris nos premiers imprimeurs qui éditaient dès 1510 *le Grand Calendrier et Compost des bergiers avec leur astrologie et autres choses profitables*. Mais ces petits in-folio en caractères gothiques et ornés de nombreuses vignettes ne devaient s'adresser qu'à des classes élevées comme nous le verrons. Il n'appartenait qu'à Jean II Oudot d'imprimer des almanachs populaires signés du nom de Pierre de Larivey en 1622. Il paraît que cette publication obtint tant de succès que beaucoup d'imprimeurs se mirent à éditer des almanachs. Au xvii° siècle nous voyons d'abord Edme Briden, rue Notre-Dame, qui publie dès 1639 des *Prédictions* et *Pronostications* pour dix-neuf ans par Pierre de Larivey, — Léger Charbonnet, rue de la Petite-Tannerie, cité comme l'un des plus féconds éditeurs d'almanachs et de *Prédictions*, dès 1658, — Gabriel Laudereau, rue du Temple, et Edme Nicot, dans le quartier Saint Remy, tous deux éditeurs de livres du même genre, parmi lesquels on peut citer l'*Ambassadeur des Almanachs cherchant la paix pour l'an de grâce* 1658, par Damien Lhomme, troyen. Yves Girardon imprime dès 1676 l'*Almanach curieux*, Blaise Briden l'*Almanach pour l'an de grâce* 1666, Yves Adenet l'*Almanach pour l'an de grâce* 1676, et Denis Regnault l'*Almanach fidèle et curieux pour l'année* 1672. Tous ces volumes composés d'un petit nombre de pages ont le format in-8. Les Oudot impriment également des almanachs sans compter le *Grand Calendrier et Compost des bergers*, in-4, tandis que des presses d'Edme Prévost, fondateur de l'importante maison où pendait l'enseigne du Grand Prévost, sortaient vers 1687 les premières gazettes qui furent imprimées à Troyes, comme le constate le marché conclu avec les fils de Renaudot (1).

Le xviiie siècle vit paraître les almanachs de Jean Adenet, que se chargeait de vendre le libraire Lesclapart de Paris, les *almanachs nouveaux* par Alex. des Moulins, chez la veuve de Pierre Garnier, les *almanachs du Palais*, par Mademoiselle de Beauregard, *du bon laboureur*, par Nicolas le Verdé, l'*almanach fidèle* dit aussi *Dieu soit béni* et l'*almanach* nouveau (2).

(1) *Noëls et cantiques imprimés à Troyes,* par Alexis Socard, 1865, p. 24.

(2) Note communiquée par M. Emile Socard, bibliothécaire de la ville de Troyes.

2 .

Mais ce fut surtout en 1757 que la réputation de ces livres s'accrut dans des proportions extraordinaires à cause d'une coïncidence assez bizarre.

La veuve Oudot tenait alors le sceptre « des oracles qui réglaient le cours des saisons, des météores et des mouvements politiques, guerriers et pacifiques de l'univers: oracles d'autant plus ressemblants à ceux de l'antiquité, que la plupart étaient en vers tournés comme l'étaient ceux de la Pythie, avant que des gens d'esprit lui corrigeassent sa leçon (1). » L'astrologue de Madame Oudot étant un jour absent, la copie vint à manquer. Les compositeurs s'impatientaient d'attendre, lorsque le gendre de Madame Oudot, M. Truelle, homme spirituel et jovial, se proposa pour remplir les fonctions de l'absent, mais à la condition qu'on lui laisserait carte blanche. La proposition à peine agréée, M. Truelle, à la date du 5 janvier 1757, écrivit cette terrible prédiction: *horrible attentat; coup manqué.* Le hasard voulut que ce fut précisément à cette date que Louis XV fut frappé par Damiens d'un coup de couteau. La prédiction de l'almanach de Troyes fit une certaine sensation. Le bruit en parvint même jusqu'aux oreilles des membres de la Grand'Chambre, qui sur le champ ordonnèrent au lieutenant-général de police de la ville de Troyes d'opérer l'arrestation de Madame veuve Oudot et de toutes les personnes de sa famille et de sa maison, et de faire fermer son imprimerie, car la complicité

(1) *Troyens célèbres,* par Grosley, t. 1, p. 22.

de l'imprimeur avec Damiens paraissait évidente. Mais le lieutenant-général de police qui était un homme sage et prudent, qui faisait son devoir et non pas du zèle, et qui connaissait parfaitement la moralité de Madame Oudot, provoqua sur la trop fameuse prédiction des explications qui parurent si concluantes que sur l'avis qu'il donna, l'ordre d'arrestation fut immédiatement révoqué.

Depuis longtemps le nombre des almanachs est devenu si grand et les formats sont si variés que je laisse encore à M. Alexis Socard le soin de nous en donner le catalogue complet, car lui seul possède une collection assez importante de ces opuscules. J'ajouterai que les almanachs imprimés par M. Baudot sont devenus la propriété de M. Saillard, imprimeur à Bar-sur-Seine, et qu'ils sont en bonne main. Mais si les derniers débris de la *Bibliothèque bleue* ont été transportés à Bar-sur-Seine, il nous reste encore la collection d'almanachs imprimés par M. Bertrand-Hu, qui en débite quelques centaines de mille, chiffre assez considérable dans un temps où chaque sous-préfecture veut avoir son *annuaire*.

La bibliothèque de Troyes possède deux almanachs dont tous les autres ne sont qu'une bien pâle copie. Ces deux ouvrages portent pour titre : *Le Grant Kalendrier et Compost des Bergiers auecques leur astrologie et plusieurs aultres choses*. Le premier fut imprimé par Nicolas le Rouge « imprimeur et libraire, demourant en la grant rue à l'enseigne de Venise, MCCCCCXXIX avant Pasques le XVI de janvier. » Le second, sorti des presses de « Jehan Lecoq, demourant devant Nostre-Dame » en 1540, ajoute sur son titre « plusieurs aultres sciences salutaires tant pour les âmes que pour la santé du corps, » et en effet, comme nous le verrons par ces mots *plusieurs aultres choses*, Nicolas le Rouge n'avait peut-être pas assez excité la curiosité de ses clients et les successeurs de Jean Lecoq n'étaient pas hommes à omettre ce petit détail.

Les calendriers imprimés en caractères gothiques sur beau papier forment le premier un in-4, et le second un petit in-folio, et sont tous deux ornés des mêmes vignettes. Les bergers qui ont rédigé ces calendriers nous avertissent dès les premières pages que la vie de l'homme ne dure que soixante douze ans, et que nous changeons douze fois dans cet intervalle, c'est-à-dire une fois par chaque sizaine d'années. Le *Compost* ne diffère donc que d'un an avec la Faculté, mais il justifie cette différence par des motifs assez originaux. Ainsi chaque mois de l'année correspond à une période de six ans, et chaque saison ou dix-huit ans nous conduisent successivement à la *jeunesse*, à la *force*, à la *sagesse* et à la *vieillesse*, représentées par le printemps, par l'été, par l'automne et par l'hiver.

Le *Calendrier* doit servir pour un laps de temps très-considérable, mais il faut une science que nous n'avons pas pour reconnaitre les dimanches et les fêtes. J'aime mieux vous citer quelques « ditz des douze moys de l'an, et comment chascun moys se loue d'aulcune belle propriété quil a : »

Janvier.

Je me fais janvier appeller
Le plus fort de toute l'année ;
Mais si me puis-je bien vanter,
Que ma saison fut approuvée
La foy de Dieu y fut donnée,
Car en mon temps fut circoncis
Jésus et si fut monstrée
Aux troys roys l'estoille de pris.

Février.

Février le tres hardy je suis,
Auquel moys la vierge royale
Alla au temple des juifz
Faire offrande tres peciale
Là Jesu Crist lumiere tres loyale
Et presenta es bras de Symeon
Prions sa majesté royale
Quel garde de France le nom.

Mars.

Je suis noble mars florissant
Très-gentil et très-vertueux
En moy vient bien fructifiant,
Car je suis large et plantureux ;
Et Karesme le glorieux
Est en mon règne, si vous dys,
Que suis en moy temps vigoreux
Pour avancer tous mes amys...

A la suite de ces *ditz* vient le calendrier se composant de douze pages de texte et de douze autres pages contenant chacune une vignette représentant chaque mois avec ses différents travaux. Les éclipses de soleil et de lune sont annoncées pour plus de quinze ans, et pour que le lecteur n'éprouve aucune mésaventure, les bergers nous rappellent que les éclipses de soleil ne sont visibles que le jour, et celles de lune pendant la nuit.

La seconde partie du *Compost* commence par une invocation et contient l'arbre des vices et la description *des peines de l'enfer pour punir les pécheurs et pécheresses, comme racompta le Lazare après qu'il fut ressuscité, ainsi qu'il avoit veu en enfer et comme il appert par les figures et histoires ensuyvantes mises par ordre l'une après l'autre.* Rien de plus effroyable que les tableaux des châtiments des réprouvés. Il faut voir surtout avec quelle furie les démons forcent les pauvres gloutons d'avaler des plats de crapauds. Je doute fort que les lecteurs du xvi° siècle n'aient pas été plus sobres que nous. Le moyen de se laisser séduire par des mets délicieux, lorsqu'on a sous les yeux de telles peintures ?

La troisième partie, la plus considérable, contient d'abord les prières qui sont la première instruction du chrétien. A la suite du Pater et de l'Ave, les bergers vous rappellent que le Credo a été composé par les douze apôtres, et de peur qu'on ne l'oublie, les représentent chacun avec l'article « qu'il a mis » Le *Compost* ne donne que *cinq* commandements de l'Église.

Les dymenches messe oiras
Et les festes de commandement.
Tous tes péchez confesseras
A tout le moins une fois l'an.
Et ton Créateur recevras
Au moins à Pasques humblement.
Les festes sanctifieras
Qui te sont de commandement.
Quatre temps, vigilles jeûneras
Et le karesme entièrement.

Plus loin l'homme mortel est comparé « à un navire sur mer ou rivière périlleuse. » Malheur à lui s'il écoute les conseils perfides du diable qui essaie d'ébranler la barque ! La mort avec son lugubre cercueil vient lui rappeler la fragilité de notre pauvre nature et la folie de ceux qui se laissent séduire par les vanités de ce monde. Qui le croirait ? Le diable a aussi ses dix commandements, commandements plus faciles à observer que ceux de Dieu :

Les festes tu t'enivreras
Et perdras ton temps follement.
Et les autres provoqueras
A vivre vicieusement...

Mais la mort à la page suivante passe sur son cheval hideux et fauche tant de vivants que le pécheur n'est point tenté de s'enrôler sous la bannière de Satan. *L'arbre des vertus* termine cette seconde partie avec *l'anatomie du corps humain*. De la connaissance de l'anatomie humaine, les bergers passent naturellement au régime qui convient à l'homme. Les auteurs prescrivent ce régime pour la première saison :

« Au printemps, Bergers se tiennent assez bien vestus d'habillemens ne trop froids ne trop chauds. En ce temps se faict bon saigner pour oster les humeurs mauvaises qui en l'hyver se sont amassées au corps. Si maladies adviennent en printemps n'est pas de sa nature, mais procèdent des humeurs amassées en l'hyver passé. »

Hippocrate raisonnait-il mieux devant ses écoliers? J'en doute, car, comme le disent les bergers, les mauvaises humeurs ne sont-elles pas causées « par le bœuf, le porc, le cerf, la biche et les autres venaisons » dont les hommes se gorgent durant l'hiver?

D'après l'*astrologie* que contient le *grant Kalendrier*, les planètes et leurs satellites exerceraient une certaine influence sur la destinée des pauvres mortels, la lune surtout aurait des propriétés qu'on ne lui soupçonne pas, car

> Qui soubz Lune peust estre né
> Bon pour servir sera trouvé.
> Il aura la figure belle
> Ronde, ja n'en trouveras telle,
> Fort sera doulx et pacient
> Et si vivra honnestement.

Deux bergers se demandent gravement quel est le nombre des étoiles. L'un répond qu'elles sont aussi nombreuses que des *cloux à grosse teste* qu'on planterait dans la Champagne ou dans la Beauce *à quatre doigts* l'un de l'autre. Le second berger se montre peu satisfait de cette réponse. Mais le moyen de prouver des choses impossibles, ajoute le premier ?

Ce compost, comme le disent ses auteurs, parut en *mil quatre centz quatre vingtz xvii*, l'année même « où le premier jour de janvier le soleil estoit au signe du capricorne. » Il est probable que cet ouvrage ne fut qu'une reproduction de celui que cite M. Brunet dans son Manuel et qui fut imprimé à Paris par *Guiot Marchant* en 1497.

Je ne répéterai point ce qu'en a dit M. Charles Nisard dans son *Histoire des livres populaires*. Je me contenterai de reproduire ces *dictez notables*.

> Humble maintien, joyeux et asseuré,
> Language meur, amoureux, véritable,
> Habit moyen, honneste, assaisonné,
> Froid en son faict, constant et raisonnable,
> Hanter les bons, sages, vaillans et preux,
> Refection sobre à heure brefve table.
> Font l'homme sage et à tous gracieux.

Le *compost* se termine enfin par deux pièces dont la première s'adresse aux personnes mariées et la seconde a pour titre *débat des gens d'armes et d'une femme contre un lymasson*. Je doute que de nos jours la police laisse circuler des almanachs tels que ceux dont nous venons de donner quelques extraits, mais il faut avouer que si les peintures choqueraient aujourd'hui nos yeux trop pudiques, il n'en était pas ainsi au xvi⁰ siècle. Dans ces temps de naïveté, si les paroles étaient moins graves, les faits l'étaient plus que de nos jours et d'ailleurs le *compost*, comme son format et le prix qu'il devait se vendre l'indiquent, ne s'adressaient qu'à des lecteurs sérieux sous les yeux desquels s'étalaient les terribles châtiments réservés aux prévaricateurs et les récompenses qui sont dues aux élus de Dieu.

IX.

GRISELIDIS ET LE BONHOMME MISÈRE.

Beaucoup de personnes accuseront peut-être les éditeurs de la *Bibliothèque bleue* d'avoir contribué puissamment à ce dévergondage d'idées et de mœurs qui précéda la Révolution. Mais en parcourant les catalogues de la veuve Jacques Oudot et de Pierre Garnier, il serait difficile d'y trouver de mauvais livres. A peine le plus sévère des rigoristes pourrait-il nous opposer *Tiel Ulespiègle*, la *Promenade à la Guinguette* et quelques *recueils de chansons*. La censure exerçait trop scrupuleusement à Troyes son pouvoir pour permettre la diffusion de livrets licencieux. Il n'appartenait qu'aux successeurs des Garnier d'imprimer des opuscules bacchiques et tellement grivois que les colporteurs les plaçaient au fond de leur balle. Mais à cette époque le trône et l'autel avaient été renversés et bien peu de gens se croyaient assez forts pour affirmer une croyance quelconque. C'était le temps où la liberté montrait encore les échafauds qu'elle avait dressés pour nous prouver que sous son nom magique les révolutions n'enfantent que le despostisme. Loin donc d'attribuer toute l'effervescence du xviiie siècle à la *Bibliothèque bleue,* je prétends qu'elle adoucit plus d'une fois les mœurs en prêchant la patience comme je vais le prouver par l'analyse peut-être trop succincte de *Griselidis* et du *Bonhomme Misère.*

I.

« Il y avait autrefois dans le pays de Saluces un prince qui n'employait son temps qu'à la chasse et n'avait aucune envie de se marier et par conséquent d'avoir des héritiers. Cette façon de penser et de vivre déplut à la fin à ses sujets qui s'en vinrent un jour le trouver pour le prier de prendre femme. Mais celui-ci prétend d'abord qu'il est difficile de trouver une bonne épouse et finit par déclarer que, s'il en choisit une, ses sujets devront sous de graves peines l'honorer comme leur maitresse, puisqu'ils le forcent d'agir contre son goût.

» Peu de jours après, notre marquis rassemble ses amis et ses parents, fait préparer de somptueuses tables et annonce qu'il va se marier. Tous les invités se demandent quelle est la personne pour laquelle on fait tant de préparatifs et qui revêtira tant de belles robes. Mais le marquis saute à cheval et, suivi d'une belle escorte, se rend dans un humble village où il descend dans la demeure du pauvre Jeannot dont il demande la fille *Griselidis*. Celle-ci accepte devant son père et promet d'être toujours soumise et docile à son mari, quelque injure qu'il lui fasse. Et, en effet, à peine est-elle installée dans le château qu'elle devient si aimable et si gracieuse qu'elle se concilie l'affection de tous les sujets du marquis qui approuvent la sagacité de leur souverain d'avoir découvert le mérite caché sous des haillons.

» Mais le temps des épreuves devait commencer avec la naissance de sa fille. Le marquis qui comptait sur un héritier se répand en invectives grossières. La pauvre Griselidis ne murmure pas même et se laisse enlever son unique enfant par un domestique auquel elle ne recommande que de ne pas l'abandonner à la rapacité des animaux et des oiseaux de proie. Peu satisfait de cette épreuve, le marquis recommence une scène plus étrange à la naissance d'un fils. Il prétend que ses sujets sont humiliés de voir que le petit-fils d'un paysan doit être un jour son successeur et leur maître et fait enlever l'innocent enfant. Toujours résignée, la pauvre Griselidis entend les murmures du peuple et ceux de ses suivantes. Mais fidèle à la promesse qu'elle a faite le jour de son mariage, elle dévore ses chagrins sans se plaindre. Tant de douceur et de patience ne peuvent encore convaincre le marquis de l'héroïque vertu de Griselidis.

» Ce terrible époux parle d'obtenir du pape la cassation de son mariage et à l'aide d'une fausse dispense vous congédie Griselidis qui ne lui demande pour toute faveur que celle de sauvegarder sa virginité, sa seule et véritable dot. Attendri, le marquis cède et permet que cette infortunée s'en aille chez le pauvre Jeannot, vêtue d'une simple chemise, mais emportant avec elle l'estime et la compassion de tous ceux qu'elle avait édifiés par sa constance.

» La voilà donc revenue dans sa pauvre chaumière, revêtue de ses anciens habits et vaquant à ses rustiques travaux comme au temps de sa première jeunesse. Le marquis cependant déclare à ses sujets qu'il va prendre pour femme la fille d'un comte de Pagano et convoque une brillante assemblée. Mais par une ruse infernale il appelle Griselidis et veut qu'elle fasse les honneurs à celle qui doit être sa rivale. Griselidis frotte et nettoie les appartements et reçoit même toute la joyeuse compagnie dans son modeste costume avec un visage joyeux et souriant. Enfin la nouvelle fiancée du marquis paraît étincelante de beauté et de grâce. Elle prend place au banquet à côté de son jeune frère et d'un gentilhomme de leur pays. Le marquis à ce moment regarde la pauvre Griselidis et lui demande ce qu'elle pense. Celle-ci sans se troubler vante la beauté de la jeune fille et ne demande pour toute faveur que celle de lui épargner les reproches qu'on lui a prodigués, parce que cette jeune fille a été délicatement élevée, tandis qu'elle a connu la misère dès sa plus tendre enfance.

» A ces mots, le marquis reconnaît toute la vertu de Griselidis et avoue que cette jeune fille et son frère sont ses enfants qu'il avait confiés à un de ses parents de Bologne et qu'il ne tourmentera plus désormais une femme aussi héroïque. » Inutile d'ajouter que les larmes coulèrent de tous les yeux et que le père Jeannot fut tiré de son humble chaumière. Mais où trouver cette femme aussi forte que Griselidis sinon dans les contes de Boccace, qui avait peut-être emprunté ce récit à quelque trouvère? Quoi qu'il en soit, ce n'est point la faute des Oudot et des Garnier, si les femmes n'ont point su triompher du plus tyrannique des maris. Job poussa-t-il la patience plus loin que Griselidis? Je laisse aux dames le soin de résoudre cette question pour passer à l'histoire du *Bonhomme Misère*.

II.

L'édition que j'ai sous les yeux est celle de Pierre Garnier. Le titre porte : *Histoire nouvelle et divertissante du bonhomme Misère, dans laquelle on verra ce que c'est que la misère, où elle a pris son origine, comme elle a trompé la Mort et quand elle finira dans le monde*, par le sieur de la Rivière.

« Deux hommes Pierre et Paul se rencontrent un jour dans un village par une pluie battante. Ils cherchent un asile pour se sécher et n'en trouvent que chez un bonhomme appelé Misère. Mais celui-ci est si pauvre qu'il ne peut leur offrir que la paille qui lui sert de grabat, car son unique poirier a été dépouillé de ses fruits par un voleur et la recette de cette journée ne lui a pas produit un seul denier, de sorte qu'il a été réduit à s'aller coucher sans souper.

» Touchés de son dénûment, ses hôtes lui demandent s'il veut obtenir quelque grâce du bon Dieu. — Ah ! s'écrie le bonhomme, dans la colère où je me trouve contre les fripons qui ont volé mes poires, je ne demanderais rien autre chose au Seigneur, sinon que ceux qui monteraient sur mon poirier y restassent, tant qu'il me plairait et n'en pussent jamais descendre que par ma volonté. — Cela est bien peu de chose, dit Pierre, mais enfin cela vous contenterait donc ! — Oui, répondit le bonhomme, plus que tous les biens du monde. Quelle joie, poursuivit-il, serait-ce pour moi de voir un coquin sur une branche, demeurant là comme une souche et me demandant quartier. — Ton souhait sera accompli, lui répondit Pierre et si le Seigneur fait souvent, comme il est vrai, quelque chose pour ses serviteurs, nous l'en prierons de notre part.

» Les deux voyageurs étant partis, le même voleur qui avait pris les poires revint le même jour. Mais quelle ne fut point la joie de Misère de le voir perché sur son arbre et faire de prodigieux efforts pour en descendre !

» Ah ! drôle, je vous y tiens ! Ciel, dit-il en lui-même, quels gens sont venus loger chez moi cette nuit ? Oh ! pour le coup, continua-t-il en parlant toujours à son voleur, vous aurez tout le temps, notre ami, de cueillir mes poires, mais je vous promets que

vous les payerez bien cher par les tourments que je
veux vous faire souffrir. En premier lieu, je veux que
toute la ville vous voie en cet état, ensuite je ferai
bon feu sous mon poirier pour vous parfumer comme
un jambon de Mayence.

» Le pauvre voleur implore la compassion de Misère,
lui offre même de l'argent, mais le bonhomme pré-
fère la vengeance aux écus dont il a pourtant un
extrême besoin et se met en route pour ramasser des
broussailles. Attirés par les cris du fripon, deux voisins
accourent et grimpent sur le poirier pour délivrer
celui qui se débat. Mais lorsqu'après d'inutiles efforts
ils veulent eux-mêmes descendre, quelle n'est point
leur surprise lorsqu'ils sont retenus sur l'arbre par
une force invincible ! Le bonhomme Misère revenant
quelque temps après fait éclater son étonnement à la
vue de ces trois hommes au lieu d'un seul qu'il avait
laissé sur son poirier. « Ah ! ah ! dit-il, la foire sera
bonne à ce que je vois, puisque voici tant de marchands,
Eh ! que veniez-vous faire ici, nos amis! commença à
demander Misère aux derniers venus ; est-ce que vous
ne pouviez pas me demander des poires, sans venir
de la sorte me les dérober ? — Nous ne sommes point
des voleurs, répondirent-ils, nous sommes des voisins
charitables, venus exprès pour secourir un homme
dont les lamentations et les cris nous faisaient pitié.
Quand nous voulons des poires, nous en achetons au
marché, il y en a assez sans les vôtres.

— Si ce que vous dites est vrai, reprit Misère, vous
ne tenez à rien sur cet arbre, vous en pouvez des-

cendre quand il vous plaira; la punition n'est que pour les voleurs. » Et en même temps, leur ayant dit qu'ils pouvaient tous deux descendre, ils le firent promptement sans se faire prier. Mais, touchés de compassion à la vue du pauvre diable qui se lamentait sur le poirier, ils implorèrent si bien le bonhomme Misère, que celui-ci lui permit de descendre à la seule condion que de sa vie il ne reviendrait sur son poirier et s'en éloignerait même toujours de cent pas aussitôt que les poires seraient mûres. — Ah ! que cent diables m'emportent ! s'écria-t-il, si jamais j'en approche d'une lieue.

« Mais si le bonhomme, délivré des voleurs, put jouir tranquillement du petit revenu de son poirier, il vieillit bien éloigné d'avoir toutes ses aises et entendit un jour frapper à sa porte. Il ouvre. C'était la Mort qui faisant sa ronde dans le monde, venait lui annoncer que son heure approchait, qu'elle allait le délivrer de tous les malheurs qui accompagnent ordinairement cette vie.

— Soyez la bienvenue, lui dit Misère, sans s'émouvoir, en la regardant d'un grand sang froid et comme un homme qui ne la craignait point, n'ayant rien de mauvais sur sa conscience, ayant vécu en honnête homme, quoique très-pauvrement.

La Mort fut très-surprise de le voir soutenir sa venue avec tant d'intrépidité. » Quoi, lui dit-elle, tu ne me crains point, moi qui fais trembler d'un seul regard tout ce qu'il y a de plus puissant sur la terre, depuis le berger jusqu'au monarque ! »

Misère se contente de lui répondre qu'il n'éprouve aucun plaisir dans cette vie et qu'il ne désire qu'une seule des poires de son arbre qui le nourrit depuis tant d'années.

La Mort grimpe donc sur le poirier, cueille une belle poire et ne peut plus descendee.

— Bonhomme, dit-elle, dis-moi donc un peu ce que c'est que cet arbre-ci.

— Comment, lui répondit-il, ne voyez-vous pas que c'est un poirier ?

— Sans doute, lui dit-elle, mais que veut dire que je ne saurai pas en descendre ?

— Ma foi, reprit aussitôt Misère, ce sont là vos affaires.

— Oh ! bonhomme ! quoi, vous osez vous jouer à moi, qui fais trembler toute la terre ? A quoi vous exposez-vous ?

— J'en suis fâché, lui dit Misère, mais à quoi vous exposez-vous vous-même de venir troubler le repos d'un malheureux qui ne vous fait aucun tort ? Tout le monde entier n'est-il pas assez grand pour exercer votre empire? » Et lui reprochant amèrement d'épargner les grandes villes et les beaux palais pour venir dans sa pauvre chaumière, il lui déclare que sans un miracle elle ne pourra point descendre sans qu'il le veuille.

La Mort discute longtemps, mais vaincue pour la première fois, elle jure de ne revenir frapper Misère qu'après l'entière désolation de toute la nature, lorsque les trompettes célestes appelleront les hommes dans la vallée de Josaphat. Misère rassuré la laisse descendre du poirier et vivra jusqu'à la fin du monde. »

X

L'ENFANT SAGE A TROIS ANS

*Contenant les demandes que lui fit l'empereur Adrien
et les réponses de l'enfant*

**A Troyes, chez J.-A. GARNIER, imprimeur libraire et
fabricant de papier.**

Cet opuscule vraiment singulier, que nous reproduisons, n'est qu'une légende du xv⁰ siècle, remaniée et gâtée, comme le déclare M. Charles Nisard, dans son *Histoire des livres populaires*. Mais il peint surtout la naïveté des lecteurs et nous révèle les sources auxquelles allaient puiser les éditeurs de la *Bibliothèque bleue*, pour satisfaire la curiosité de leurs clients.

AVANT-PROPOS

L'enfant-Sage, qui n'avoit que trois ans, qu'on appelloit petit fils de l'Empereur, fut recommandé à M. l'Archevêque, qui le recommanda à un patriarche de Jerusalem qui le présenta à un Duc très-sage et le meilleur qui fut en toute la terre. Lorsque cet enfant fut venu en la cité de ce Duc, il fut parler à lui et les chevaliers de ce Duc lui dirent : Voici l'Enfant très-sage et le saluèrent et lui demandèrent, d'où es-tu venu, sage-Enfant ? il leur répondit : de mon père et de ma mère, et suis créé de Jesus-Christ. Quelques autres Chevaliers dudit Duc lui dirent : Tu es sage : il leur répondit que celui qui est sage se châtie soi-même. Toutes ces choses ayant été rapportées à l'Empereur Adrien, qui étoit alors à Rome, lequel le fit venir à lui pour l'interroger sur plusieurs questions dignes d'être lues par un chacun.

LES DEMANDES

Que fit l'empereur Adrien à l'Enfant-sage.

L'EMPEREUR.

Comme est fait le Ciel ? — *L'Enfant.* S'il eût été fait par mains d'hommes, il seroit déjà tombé, et s'il eût été né, il seroit mort il y a long-temps.

D. Qu'est-ce que Dieu fit premièrement ? — R. Lumière et clarté.

D. Comment peut-on entendre que la Trinité soit un seul Dieu en trois personnes ? — R. Par le Soleil, auquel tu trouveras trois choses ; savoir, substance, splendeur et chaleur, qui sont inséparables, car l'une ne peut être sans l'autre.

D. Qu'est-ce qui sortit premièrement de la bouche de notre Seigneur ? — R. Ce que dit Saint Jean l'Evangéliste : *In principio erat Verbum et Verbum erat apud Deum, etc.*

D. Dieu fut-il longtemps à créer le monde ? — R. Autant comme à ouvrir l'œil ; car il créa le monde en un moment : mais puis après l'espace de six jours, il fit ces choses étant au monde : c'est à savoir, le Dimanche, il créa les Anges et Archanges ; le lundi, il fit le Firmament, la Lune et les Etoiles ; le mardi, il fit la Terre, la Mer, les Etangs, les Eaux-douces, les Ruisseaux et Fontaines ; le mercredi, il fit les Oiseaux et les Poissons de toutes manières ; le jeudi il fit les Arbres et les Bêtes de toutes espèces ; le Vendredi, il fit et forma Adam à son image et ressemblance ; et le Samedi il se reposa et bénit tout ce qu'il avoit fait et formé.

D. Quelle espérance ont tous les Marchands ? — R. Périr, car ce qu'ils acquierrent leur vient souvent par fraude et tromperie.

D. Que dis-tu des Laboureurs de la terre ? — R. La plus grande partie seront sauvés, car ils vivent de leur simple gain, et le peuple de Dieu vit de leur travail.

D. Que dis-tu des Enfans ? — R. Tous ceux qui meurent à l'âge de trois ans, et au-dessous et qui seront baptisés, seront sauvés.

D. Est-il écrit que notre Seigneur Jésus-Christ est mort pour racheter bons et mauvais? — R. Jésus-Christ est mort pour les Juifs, lesquels étoient lors mauvais, car ils étoient mécréans. Et dit l'Ecriture, qu'il est mort pour toutes gens ; car par sa mort seront sauvés toutes Nations.

D. En combien de manières peut-on être sauvé ?— R. En sept principales, 1. Par le Baptême; 2. Par le Martyr ; 3. Par la Confession et la Pénitence ; 4. Par larmes ; 5. Aumônes ; 6. Par Indulgences ; c'est-à-dire, que nous pardonnons de bon cœur à ceux qui nous ont fait du mal. La 7. Par la charité.

D. Que vaut la confession ? — R. Confession et Contrition purgent tous forfaits.

D. Quelle peine auront ceux qui achetent bénéfice?— R. Ils périront avec Simon l'Enchanteur, et ceux qui les vendent seront navrés en l'ame comme Giezy.

D. Quelle peine auront les Enfans qui mourront

sans Baptême ? — R. Ils seront dans les ténèbres et seront privés de la vision de notre Seigneur Jésus-Christ ; mais on ne doit pas entendre qu'ils soient en obscurité et qu'ils ne voyent clairement la clarté du ciel ; car ce seroit peine, et ils n'auront nulle peine, mais seront plus aises que nuls hommes mortels ne pourroient être en ce monde.

D. Que dis-tu des Chevaliers ? — R. Je n'en dis ni bien ni mal.

D. Où la première femme fut-elle créée ? — R. Dans le Paradis terrestre d'une côte d'Adam.

D. Pourquoi fut-elle faite de la côte d'Adam ? — R. Afin qu'ils fussent par dilection tout d'une même affection.

D. Ceux qui ont leurs désirs et volontés en ce monde sont-ils bienheureux ? — R. Ils ne sont pas bienheureux, mais sont bienheureux, ceux à qui Dieu ne laisse faire leurs volontés en ce monde et les corrige par adversité.

D. Qu'est-ce que le péché d'orgueil ? — R. C'est faute de justice.

D. L'ame peut-elle croître ? — R. Non pas en quantité, mais en bien, en vertu, et raison.

D. Pourquoi est-ce qu'aucuns naissent difformes, puis qu'ils ont l'ame raisonnable ? — R. Quand ils sont conçus de mauvaises et grosses humeurs au ventre de leur mère, aucunement l'ame n'est gravée pour l'indisposition du corps.

D. Qui est la chose la plus cruelle aux pauvres et aux riches ? — R. C'est la mort.

D. Qu'est-ce que l'homme? — R. C'est l'image de notre Seigneur Jésus-Christ.

D. Qu'est-ce que la femme ? — R. C'est l'image de la mort.

D. A quelle heure Adam mangea-t-il du fruit défendu? — R. A l'heure de Tierce, et à l'heure de None il fut jetté hors du Paradis terrestre.

D. De quoi est-ce que l'homme ne se peut souler ? — R. C'est de gagner.

D. Combien y a-t-il de péchés qui ne sont point pardonnés en ce monde ni en l'autre ? — R. Le 1. est qui ne croit la Résurrection de N. Seigneur. Le 2. est qui désespére de la grâce de Dieu.

D. Qui est la chose meilleure ou pire ? — R. C'est la parole.

D. En combien de manières meurt l'homme ? — R. En cinq : la 1. est par pauvreté ; la 2. est par ignorance ; la 3. est par pitié ; la 4. est par peur ; la 5. est par iniquité.

D. Combien de langues y a-t-il au monde ? — R. Il y en a septante deux.

D. Combien de manières de serpens y a-t-il au monde ? — R. Il y en a de quatorze.

D. Qui fut celui qui donna le nom à toutes les bêtes? — R. Ce fut Adam.

D. Quelle est la moindre chose du monde? — R. C'est le corps humain, quand l'ame en est dehors.

D. Quelle est la chose la plus légère du monde? — R. C'est la pensée.

D. Qu'est-ce que le Ciel ? — R. C'est la lumière de la clarté divine.

D. Qu'est-ce qui soutient la Terre ? — R. C'est l'eau.

D. Qu'est-ce qui soutient l'eau ? — R. Ce sont les quatre Evangélistes.

D. Qui soutient les quatre Evangélistes ? — R. Le feu spirituel.

D. Qui soutient le feu spirituel ? — R. Un arbre qui fut planté en Paradis au commencement.

D. Où est-ce que jamais ne pleut, et jamais ne tombera d'eau ? — R. A la vallée de Gelboé.

D. Qui fut celui qui fit la première Eglise ? — R. Ce fut Saint Paul.

D. Qui fut celui qui jeûna trois jours et trois nuits, et qui ne vit Soleil ni Lune, Terre ni Ciel ? — R. Ce fut Jonas dans le ventre de la Balaine.

D. Quel âge avoit Noé quand il commença à faire son Arche ? — R. Cinq cens ans.

D. En combien d'années fut faite l'Arche ? — En cent ans.

D. Combien de jours la dite Arche fut-elle sur l'eau? — R. Elle y fut 140 jours.

D. Combien de long, de large et de haut avoit ladite Arche ? — R. Elle avoit trois cens coudées de long, deux cens trente de haut, et soixante de large.

D. En quel lieu est ladite Arche à présent ?—R. Elle est sur une haute Montagne en Arménie.

D. Qui fut le premier qui planta la vigne ? — R. Ce fut Noé.

D. Qui fit la première Ville ? — R. Ce fut Zurie.

D. Qui fut celui qui demanda le plus grand don qui

fut jamais demandé ? — R. Ce fut Joseph d'Arimathie qui demanda le Corps de notre Seigneur étant encore en Croix, lequel le mit au Sepulchre.

D. Pourquoi doit-on jeûner plutôt le Vendredi que les autres jours ? — R. Pour huit raisons principales. La 1 est parce que N. Seigneur forma Adam. La 2 parce que le Vendredi S. Jean-Baptiste baptisa N. Seigneur au fleuve du Jourdain. La 3 parce que le Vendredi David tua Goliath Géant. La 4 parce que le Vendredi Jésus-Christ prit humanité au sein de la Ste Vierge. La 5 parce que le Vendredi fut lapidé S. Etienne premier Martyr. La 6 parce que S. Jean-Baptiste fut décapité le Vendredi. La 7 parce que le Vendredi Jésus fut crucifié. La 8 parce que le Vendredi il descendra du Ciel en la Vallée de Josaphat, afin de juger les vivans et les morts.

D. En combien de manières peut-on être damné ? — R. En quatre manières, par négligence, menterie, vergogne, et par mauvaises pensées.

D. Quelles choses sont-ce qui plaisent le mieux à N. Seigneur ? — R. Trois, la vraie pénitence, patience en pauvreté et abstinence de péché.

D. Qu'est-ce qui déplaît le plus à l'homme ? — R. La vie de son ennemi.

D. Combien de fils et de filles eut Adam ?—R. Trente fils et trente filles, sans Caïn, Abel et Septh.

D. Qui fut le premier Larron ? — R. Ce fut Sepht.

D. Qui fut celui qui entra le premier en Paradis ?— R. Ce fut le bon Larron.

D. Quelles furent les plus nobles noces qui furent

jamais ? — R. Celles d'Architiclin, où Jésus-Christ changea l'eau en vin.

D. Qui sont ceux qui ne mourront jamais jusqu'à la fin du monde ? — R. Enoch et Elie, qui sont à la porte du Paradis terrestre, tenant chacun une épée ardente en leur bouche.

D. Qu'est-ce que la Mer ? — R. C'est une voie incertaine et périlleuse.

D. Qu'est-ce que la mort ? — R. C'est une chose que l'on ne peut fuir ni éviter.

D. Qui fut celui qui mourut deux fois ? — R. Ce fut Lazare.

D. De combien de choses fut formé l'homme? — R. De six. La chair fut faite du limon de la terre, le sang de l'eau de la mer, les os de pierre, l'haleine du vent, le poil, du Soleil et l'ame créée du S. Esprit.

D. Par quelle manière le Diable mit-il l'homme en Enfer? — R. Souviens-toi que comme le Baptême efface le péché originel, de même par la confession et pénitence sont effacés les autres péchés.

D. Est-il ordonné à l'homme l'éternelle mort ou la vie ? — R. Dieu a tout ordonné pour notre salut.

D. En qui crois-tu ? — R. En Dieu Tout puissant, le Pere, le Fils et le Saint-Esprit.

D. Crois-tu que notre Seigneur a pris chair humaine au ventre de la Vierge ? — R. Oui, je le crois, qu'il a souffert faim et soif et autres tribulations pour nous racheter, qu'au jour de l'Ascension il monta au Ciel, qu'au jour de la Pentecôte il envoya son Saint Esprit à ses Disciples, et qu'il viendra juger les vivans et les morts.

D. Où se tenoit Notre Seigneur avant la création ? — R. Ce n'est pas à toi à savoir les secrets de Notre Seigneur, lequel n'a ni commencement ni fin. (1)

FIN.

(1) M. Aubry, libraire, a donné en 1854 une nouvelle édition *fac-simile* de l'*Enfant sage à trois ans*, in-8, 12 feuillets, goth. imprimé vers 1520. Les Garnier se sont permis d'altérer singulièrement le texte, comme le prouve la réponse suivante : D. Que dis-tu des Chevaliers ? — R. Je n'en dis ni bien ni mal. Plus hardi, l'éditeur de 1520 déclare qu'ils ne « vivent que de rapine. » Mais que dire de certaines réponses dont rougiraient les dames du XIXe siècle et dont les théologiens les moins habiles contesteraient l'orthodoxie ?

TABLE DES MATIÈRES.

Chartres. — Imprimerie Durand frères.

110

9 782016 111765